J

56

LETTRES
SUR L'ORIENT,

ÉCRITES

pendant les années 1827 et 1828;

PAR

le Baron Th. Renouard de Bussierre,

Secrétaire d'ambassade.

ATLAS.

PARIS,

Chez F. G. LEVRAULT, Libraire-éditeur, rue de la Harpe, n.° 81;

Même maison, rue des Juifs, n.° 33, à STRASBOURG.

1829.

TABLE DES PLANCHES

contenues dans l'Atlas,

et ordre d'après lequel elles doivent être placées.

PALAIS DE FRANCE.
Therapia.

Davoy lith. et après le dessin de M.ᵐᵉ de Bonneterre.   B.R.   Lith. de Engelmann, rue du faub. Montmartre, N.º 6.

PLACE DE L'AT-MEIDAN,

Constantinople.

TOUR DE GALATA
Constantinople.

SOLIMANIÉ.
Constantinople.

FONTAINE DE SCUTARI.

POINTE DE FENER-BAKTCHESI
du Fanar d'Asie.

FONTAINE DES EAUX DOUCES D'ASIE.

ARRIVÉE À BROUSSE.
Asie mineure.

LE CHÂTEAU DE BROUSSE.
Asie Mineure.

Dessiné d'après nature par H... de Chennevières.   Lith. de Lagriseure, rue du Pont Marsan, N°...

TORRENT DE SORRA.
Mont-Olympe

RUINES DE CNIDE.
Asie Mineure.

Perrey lith d'après le dessin de Mr. A. Mazières.   Lith de Engelmann rue du Faub. Montmartre N°6.

TENEDOS.
(Archipel Grec)

PORT DE MITYLEN.
(Antique Lesbos.)

AQUEDUC DE NOERTZGON.

Antique Lesbos.

PYRAMIDES DE GIZEH (ou DJIZEH.)

SYOUTH.

Capitale de la haute Egypte.

RUINES DE THÈBES.
Karnak.

KARNAK. (Porte de l'Est).
(Ruines de Thèbes)

TEMPLE DE QOURNAH.
Ruines de Thèbes.

COLOSSES dits DE MEMNON.
Ruines de Thèbes.

PALAIS DE ELETHORE.
(Haute Egypte)

ILE ELEPHANTINE.

ILE TOLOUANQUE

ILE DE PHILAE.

TEMPLE DE QALABCHE (L'ANTIQUE TALMIS.)
Basse Nubie.

TEMPLE DE SEBOA.
Basse Nubie.

ÉTABLISSEMENT NUBIEN PRÈS OUADI-HALFA.

IBSAMBOUL (ESSAMBOL)

(basse Nubie)

ALGER ET SES ENVIRONS.

Intérieur de Sous.

PARAN.
Presqu'île de Sinai.

MONT CERBAL.
Presqu'île de Sinaï.

COUVENT DE S.ᵗ CATHERINE,
Mont Sinaï.

www.ingramcontent.com/pod-product-compliance
Lightning Source LLC
Chambersburg PA
CBHW070742210326
41520CB00016B/4546